High heels Magic

—— 通过高跟鞋的正确穿法和走路方法实现你收获美丽的梦想 ——

高跟鞋的魔力

（日）Madame由美子◎著

卞磊◎译

辽宁科学技术出版社

·沈阳·

随时随地让高跟鞋发挥魔力

我们都希望自己能在日常生活中显得更有魅力，希望自己身材窈窕、举止优雅、衣着也有品位。整天都在忙着节食减肥、精心搭配服饰、化妆等，但还是避免不了这样那样的烦恼。

"最近小肚子突出，穿裤子时尤为明显，我是该锻炼腹肌还是该选择遮盖效果好的裤子呢？"

"为自己脸部的婴儿肥苦恼，是去做整形手术还是用好的化妆方法掩饰一下呢？"

"很不喜欢自己的腿形，不管是穿裤子还是穿裙子都不能改变自己的腿形，怎么能遮盖一下呀？"

其实，不论多么美丽的人，她们都有不为人知的烦恼。

只要是女性（或许男性也如此吧），自然会在自己的外表上花费大量的精力。我是这样的，相信大家也和我一样吧。

在这里，我想给大家提个建议。

与其绞尽脑汁想各种各样的方法来增添自己的烦恼，不如试着穿上高跟鞋，说不定你就会获得一举多得的效果。

　　腿部变得修长笔直，腰部也变细了，脸看起来也小了很多，言谈举止随之优雅起来，这不是一举多得吗？

　　这一切一切的变化仅仅是通过高跟鞋就能实现的，这些显著的效果使我惊呼：天呀，难道这就是高跟鞋的魔力吗？

　　虽然知道穿高跟鞋可以使自己收获美丽，但是将其付诸行动的女性还是比较少，更何况熟练掌握高跟鞋的穿法、发挥她的魔力呢。

　　很多人对穿高跟鞋有许多顾虑：走路会不会困难？会不会很累？会不会脚疼？大家没看到高跟鞋的神奇效果是因为还没有掌握正确的高跟鞋的选择方法和走路方法。

　　在本书里你将和"高跟鞋的魔力"梦幻般地相遇。

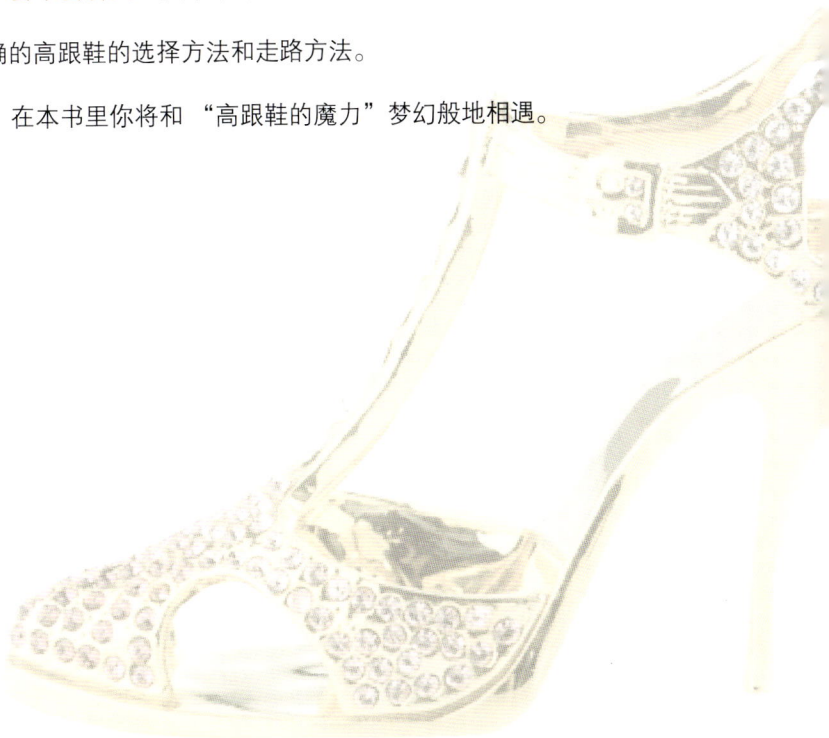

目录

第2章

高跟鞋的14种超级魔力

第3章

高跟鞋让你变成"足金"美人的5种超级魔法

第4章

灰姑娘首先要会选鞋

第5章 高跟族的美丽站姿

第6章 穿上高跟鞋优雅地行走

第 **1** 章

丢掉对高跟鞋的偏见

其实每个人都可以实现穿着高跟鞋舒服地活动一天的愿望。不论是几乎没有穿过高跟鞋的人，还是偶尔穿上却觉得没有自信的人。两个星期之后，请在镜子中观赏自己穿上高跟鞋的身姿吧。

每个灰姑娘都有属于自己的水晶鞋

你平时都穿什么样的高跟鞋呢？是穿5cm高的坡跟鞋，还是穿走路舒服的平底鞋，抑或是运动鞋？

如果穿上真正的高跟鞋，你会不会觉得自己变得非常时尚呢？你会不会希望如果能行动方便就更好了？

多数人仅仅是把这个想法埋藏在心中，大街上注意那些脚下魅力无限的女人，羡慕不已，但自己却始终认为高跟鞋穿起来一定很难受。

高跟鞋的印象

我从小立志当一名芭蕾舞演员，所以我从十多岁开始一直非常喜欢穿高跟鞋。后面我会跟大家解释，高跟鞋对于一名芭蕾舞演员来说是多么的重要。感谢那段经历，现在的我不管是在有坡道或是台阶的地方，都可以穿7cm的高跟鞋行走自如。稍微需要讲究一下的聚会就换成9cm的，穿着高跟鞋站一整天的经历也有过，并且完全不觉得疲倦。

但另一方面也有人试着去掌握高跟鞋的穿法，但最终还是没能实现。好不容易打扮得很时尚出门，却因高跟鞋的穿法及走路方法不当，时间稍长就变得疼痛难忍……

高跟鞋的思考

如果到今天你依然不能熟练地掌握穿高跟鞋的方法，那问题究竟在哪里呢？你和我的区别在哪里呢？

我并没有特意地勉强自己去忍耐，当然，你并非没有忍耐力。我只是因为练习芭蕾的原因，掌握了穿高跟鞋的窍门。事实上，只要你知道了这个窍门，你就能轻松地穿上高跟鞋魅力出行了。

高跟鞋的高度

只要是成熟的女性，都能轻松穿上7cm左右的高跟鞋。如果掌握了穿高跟鞋的窍门，那么又何惧9cm、12cm的高跟鞋呢？

"我穿5cm的跟就已经晃晃悠悠了，更何况是那么高的跟了。"

如果这种观点先入为主的话，你就不可能掌握高跟鞋的穿法了。你我没有任何区别，逐渐适应高跟鞋，首先要找到你畏惧高跟鞋的原因。

高跟鞋恐慌症

你是不是认为穿上高跟鞋就很难保持平衡？

"那么细的跟要承担我全部的体重，还要走那么长的路……"

这种不安是可以理解的。但是不管是粗跟还是细跟，鞋子的原理是不变的。所以不管多么细的跟都完全没有问题。

　　脚疼并不是因为穿高跟鞋所致，而是因为你没有掌握正确的走路方法和选择鞋子的方法。

　　关于穿高跟鞋脚疼的问题，下面我和大家一起来解决。

周遭的眼光

　　"虽然很想穿高跟鞋，但走路的姿势很难看……"

　　"因为我的O形腿很严重，所以没有勇气穿高跟鞋。"

　　其实，正是有这些顾虑的人才能穿出比别人更美丽的感觉。一个人走路姿势不好看，就可以知道其内心有很多顾虑，因为紧张，走路的姿势可能会变得很难看。

　　但是，正因为如此，才会更加谨慎地去走路。这个时候的你，像是对脚底注入了爱情一样。正是这种认真劲儿，才能使你变身高跟鞋女王。

高个子的高跟鞋

　　"我身高本来就很高，如果再穿上高跟鞋的话看起来比男生还高大，所以……"

　　如果因为这个问题而顾虑重重不敢穿高跟鞋的话，真是一个很大的损失。模特们的美丽就在于高跟鞋把她们原本高挑的身材拉伸得更高，让人们专注于她们高挑的身姿。

而且，男性要比我们想象中更关注女性的脚部。没有任何风韵的平底鞋会让他们倍感失望。所以，他们会更关注和怜惜穿高跟鞋的女孩。

灰姑娘的完美变身

你是否认真地考虑过自己想变成什么样的女性呢？

抛开劳累、疼痛及周围的目光，掌握高跟鞋的穿法，尽情体验时尚的快乐吧。你想拥有优雅的走路身姿吗？那么，穿上高跟鞋，开始寻梦之旅吧！

每天进步一点点都是值得鼓励的。刚开始的时候信心不足也是正常的。

今天要穿着高跟鞋练习站姿，今天要穿着高跟鞋走上 5 分钟，今天要穿着高跟鞋去买东西……

这些有意思的想法，在这里我就让大家亲身体验一次。

高跟鞋的磨合期

你中意于什么颜色的高跟鞋呢？是简单成熟的黑色，还是满是可爱饰品的彩色？或者是性感女人的粉红色？

如果现在已经拥有了自己喜欢的高跟鞋，但是因为没有掌握正确的方法而一直把它放在柜子里，那么赶快拿出来吧。然后翻一下杂志，如果发现令自己惊叹的鞋子，就好好地把杂志研读一番吧。

迄今为止，我的讲解还不是很具体，请先试着想象一下自己穿上高跟鞋的身姿，然后试着忘记鞋子的存在吧。

忘记鞋子的存在

"为什么呀，我是为了学会怎么穿高跟鞋才读此书的，怎么让我忘记高跟鞋的存在呢？"

这个疑问是可以理解的。但是想变成高跟鞋女王，首先要拥有一双不被高跟鞋欺压的脚。

迄今为止，你之所以不擅长穿高跟鞋，是因为你没有掌控双脚的主导权。如何掌控双脚的主导权，正是本书要介绍给大家的。答案就是要忘记鞋子的存在。

这是学校课堂的情景。请大家脱了鞋体验赤脚走路的感觉，其中很多苦于穿高跟鞋的同学都熟练地掌握了方法。

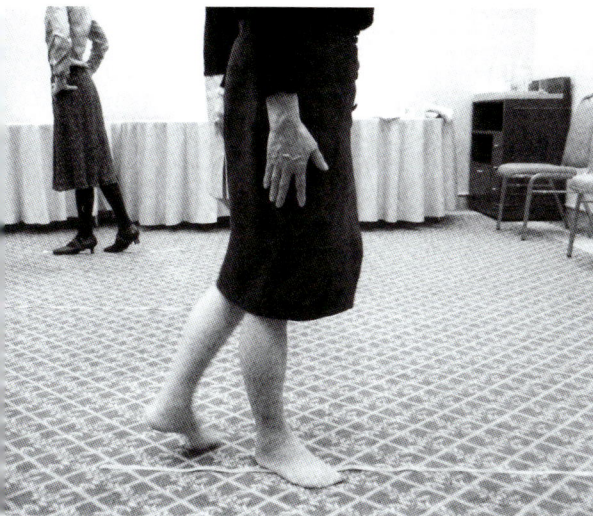

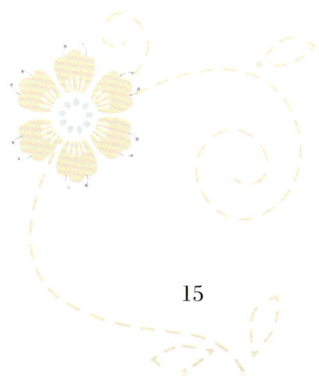

尤其是觉得疲惫或是忍受疼痛的人，更需要经历这一过程。请马上把鞋子脱掉，关爱一下自己的双脚吧。

双足上不为人知的秘密

我办了讲座向女性朋友介绍关于优雅举止和走路姿势的相关知识，并且让学生们在课堂上脱掉鞋子。

按这本书练习，经常需要大家赤脚，具体的站立走路方法我稍后会跟大家说明。先找到双脚的存在感，再挑选合适的鞋子，这是本书写作的线索。

我们的脚乃至身体真正掌握穿鞋的要领之后，不管穿什么样的鞋子，你都可以行走自如。

另一方面，赤脚站在地上可以找回脚踏实地的感觉。穿上鞋子后，不论怎样，脚踏实地的感觉都会消失，因此，大家常感到不安。

大家一般认为，不论是站立姿势还是走路方式，赤脚和穿上高跟鞋是不同的。但是两者之间却有一个共同点，那就是你都是在用自己的脚走路。

请牢牢抓住"高跟足"

快脱掉鞋找回自己双脚的存在感吧。这时，五根脚趾是不是可以无拘无束地舒展开？站在地板上的感觉是否会从脚底传至全身？

然后请抬起脚跟，如果身体站不稳就用手扶住墙，最大限度地把脚跟抬高。这个时候的双脚才能够完美地穿上高跟鞋，要记住哦。

就这样踮起脚尖在家里走一走，等脚尖稳稳着地之后再轻轻地放下脚跟感受一下。

坚持一段时间之后，脚趾会缩成一团并伴有疼痛感，脚掌也会劳累不堪。这是因为你还没有找到穿高跟鞋的窍门，其实只要找到这个窍门，问题就很容易解决了。

详细的内容我下面会介绍，首先请大家记住寻找"高跟足"的感觉。

标本兼治，对症下药的穿鞋经

趾尖疼痛

把缩成一团的趾尖全部舒展开

由于穿上不合脚的鞋子，鞋子挤压趾尖使很多人喜欢把脚趾蜷缩起来。脚趾蜷缩不仅仅使脚产生疼痛感，更会让我们难以行走。所以选择鞋子的时候一定注意：要选择能够使脚趾舒展的尺码。

赤脚坐在地板上仔细观察自己的脚趾，然后用手把缩成弓形的脚趾拉伸开，就像做按摩一样向趾尖的方向拉伸脚趾。

洗澡的时候，泡在浴缸里也可以做这些拉伸动作。

泡澡的时候，向外侧伸展足尖的效果也非常好。虽然行为有点儿不雅，但能够使心情舒畅。

我的学生中，有脚趾全都是向内侧弯曲的。这个学生在童年时代就养成了向内侧弯曲脚趾的习惯，四十几岁之后，脚趾根本没法伸展开，穿高跟鞋也是痛疼难忍，举步维艰。

但由于她每天坚持穿着可以舒展双脚的鞋子练习，现在已经可以穿7cm左右的高跟鞋，风韵十足地行走在众人之间了。

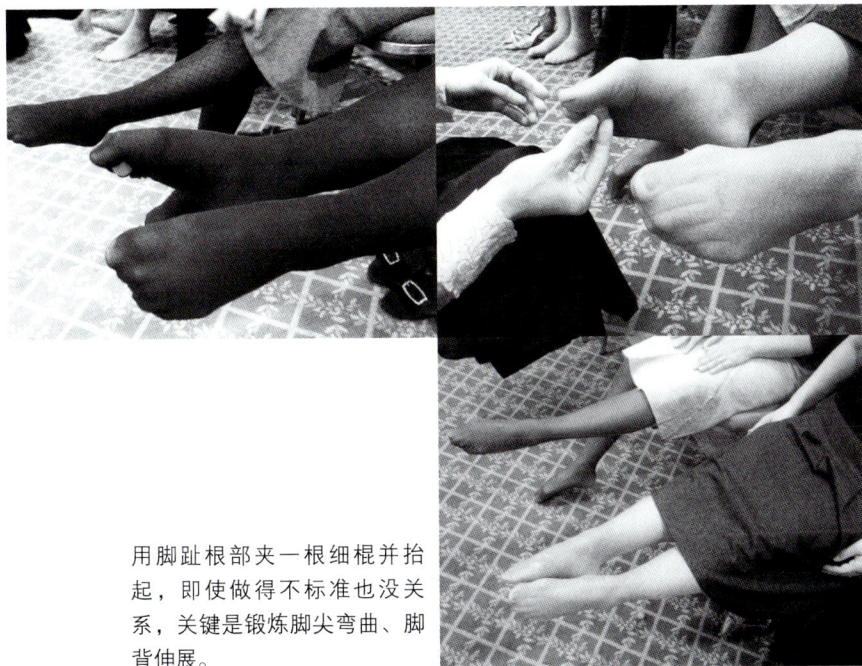

用脚趾根部夹一根细棍并抬起，即使做得不标准也没关系，关键是锻炼脚尖弯曲、脚背伸展。

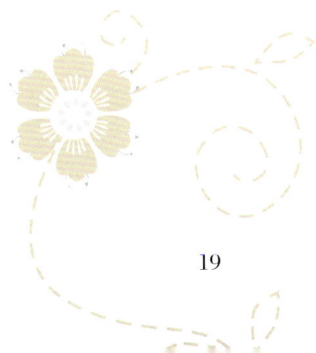

外翻拇趾

棒状物练习法

脚底和脚趾脆弱的人很容易给拇趾造成负担，结果就形成了外翻拇趾。但是，正如第62页所说的那样，高跟鞋并不是拇趾外翻杀手。只要鞋子选择正确，坚持锻炼足底，有外翻拇趾症状的人也能熟练地掌握穿高跟鞋的技巧。

为了锻炼足底，我必须给我的学生专门上一课。

使用细棒锻炼脚趾。另外，也可以用笔等细物代替。

赤脚坐在椅子上，准备一个直径2cm的细棒，用趾尖夹住抬起，即使夹不住也没关系，只要多练习这个动作就可以了。

值得注意的是，不要把脚背弯曲，这样会使动作变简单，达不到锻炼足底肌肉的效果，所以，要保持脚背的伸展。还有，不要让自己变成内八字，一定要显示出自己的内脚踝。至于内八字是怎么形成的，稍后我会向大家说明。

有很多学生练习的时候会喊疼，这是因为平时不怎么锻炼足底的缘故。多做这个动作可以塑造一双"高跟足"。看电视、听电话，随时随地都可以练习。

腰酸背痛

贴在墙壁做挺直练习

现代人有很多都苦于腰疼。我一直视为梦想的芭蕾舞演员之路，也因为腰疼一度放弃，所以我深知其中的痛苦。

我的腰疼是因为长时间练习芭蕾所致。而如果是因为长时间走路、站立引发的腰疼，则是因为姿势不端正引起的。

通过镜子看看自己横躺时的曲线，或者让家人帮忙横向拍一张身体站立的照片。身体是不是含胸、驼背、S形则一目了然。如果含胸驼背，为了支持前倾的上半身，腰部负担很重。鸡胸、翘臀、S形的人，因为腰部的弯曲太大，也不堪重负。

理想的状态是身体从上到下都保持"1"字形笔直站立，这样的站姿腰部的负担最小。

那么现在就开始练习正确的站姿吧。

请把背部贴在墙上，保持脚跟、膝盖内部（此处不必勉强）、臀部、肩胛骨、后脑勺5个部位都贴在墙上，有意识地将腰部也贴在墙上。

如果可以让家人从正面按压一下，这个姿势可以减少脚部的负担。

真正练习的时候发现全部贴在墙上难度很大，特别是膝盖的内侧，很多人都无法做到。走路的时候要注意把膝盖内侧拉紧，如果膝盖弯曲会使头部上下晃动，接触地面的冲击力也会变大，对腰部不好。

鞋后跟打滑

选择的鞋子不合脚

在店里看到漂亮的鞋子，忍不住试试看。

"觉得有一点儿不合脚，或许习惯以后就好了。"

这样买来的鞋子，因为不合脚无论如何也穿不了吧。再穿上试试发现没有什么问题，可是走上十步就不行了。这是因为选择的鞋子不合脚。

这里暂时不教大家选鞋子的方法，关于选鞋师的专业选鞋法详见第60页，请大家认真参考。

有人认为只有高跟鞋才存在后跟打滑的问题，平底鞋没有问题。这种理论是不成立的。不管是平底鞋还是运动鞋，不合适的鞋子后跟都会打滑。

鞋子是用模型制作出来的，虽然各个品牌的鞋子看起来一样，其实有很大的区别，鞋子的肥瘦、前脚掌的宽度都不一样。买鞋之前，尽量让专业选鞋师看一下自己的脚形，他们一般常驻鞋子专卖店，可以咨询一下店员。有些品牌是可以定做鞋子的，要学会借助专业人士的力量哦。

鞋子易滑落

灵活使用护腕

即使买了很合脚的鞋子，走路的时候也会有不跟脚的情况，严重的时候走到一半，鞋子就掉了。甚至不知何时，鞋子已经掉到了路中间。我有几个学生就有过这样的经历，只好满脸通红地逃走。购买鞋子时间不同，脚形也会有一定的变化。鞋子穿久了，皮革也会变得松懈。这些都是原因，但最大的原因是：脚底肌肉无力。如果脚底肌肉强劲有力，是很容易带动鞋子的，不会出现以上情况。对于这种烦恼，请用"棒状物练习法"来锻炼足底肌肉。如果说有一种立刻生效的办法，我建议大家巧用护腕。如同第63页所介绍的，它可以让鞋和脚融为一体，走路会容易很多。也可以选择有鞋带的高跟鞋，也就是说让鞋和脚贴得更紧密一些。在适应穿高跟鞋的过程中，渐渐地锻炼足底肌肉，这样你就能穿上各种各样的高跟鞋了。请大家好好享受这个过程吧。

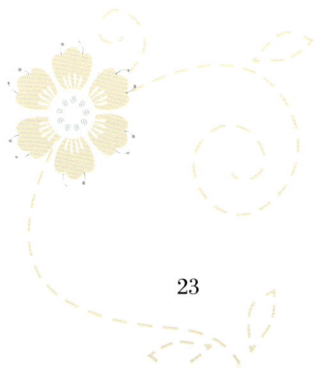

知道高跟鞋非常美，但因为不能穿反倒归咎于它，其实内心真的很想穿上美丽的高跟鞋

我的学生中，有很多人开始对高跟鞋敬而远之：疼痛、疲倦、走路困难，所以穿不了。她们一直陷入这种误区中，恐怕以后也会这样想。把所有的问题都归咎于高跟鞋，放弃尝试它。但实际上，很多人都想掌握穿高跟鞋的要领。在我的建议之下，大家从误区中走了出来，每个人身上都发生了惊人的变化：

"我一直很害怕穿高跟鞋，因为穿上鞋后身体重心会后仰，使站姿不稳，如果脚趾变得强有力，重心就会前移，上台阶也就不再可怕。"

"我有腰疼病，所以只能依赖于平底鞋。不过，试着穿了高跟鞋，腰疼病得到了改善，才意识到原来是站姿存在问题。"

"我有O形腿，所以我从不穿高跟鞋。没想到穿上试了试，O形腿并不明显，原来我一直陷入了误区。"

"以前，买了昂贵的高跟鞋，鞋跟很快就坏了，后来我知道原来是大腿内侧的原因，非常吃惊。此后，我也掌握了穿高跟鞋的要领。"

学生们都阐述了各自对高跟鞋的改观，我也能够理解大家的心情。不擅长也好，不能穿也好，没有自信也好，但是内心还是很想穿高跟鞋的。但不要太在意这些了，大家和我一起开始充满魅力的高跟鞋之旅吧。

第2章

高跟鞋的14种
超级魔力

　　每个灰姑娘都有属于自己的水晶鞋，所以我们都应该大胆地去尝试。但让人遗憾的是，因内心有顾虑一直对自己的脚部遮遮掩掩的女性大有人在。女性的脚部有令人惊艳的魅力，这种美因为穿上了高跟鞋而尤其明显。

高跟鞋奏响的三大圆舞曲

让腿部内侧线条登台露脸

想让双腿看起来美丽，首先要强调腿内侧的曲线。不论是站着、走路还是坐着，注意把腿的内脚踝朝向正前方。

相反，如果突出腿部的外侧线条就容易使腿显得粗短。为了使内脚踝能够显现出来，腿一定要向前伸。

转眼间增加小腿长度

即使腿部的长度一样，小腿修长的人要比大腿长的人更加迷人。

如果使内脚踝呈现在外，整个腿部如同在一条线上并一直延伸到脚尖，进一步强调了腿部的长度。不要认为小腿的长度是天生决定的，高跟鞋可以打造出修长的小腿。

改变平衡点，重塑九头身

穿上高跟鞋，全身的平衡点会立即改变。它不仅使腿部被衬托得修长，还会把腰部提高，腰围既而也随之变小。

整个身体的比例都被改变了，这么多的变化都源于高跟鞋的魔力。

高跟鞋的超级魔力1

内侧线条为美丽加分

不管是粗壮还是浮肿，腿外侧的肌肉都相对浑圆些。如果把粗壮的外侧线条显露在外面，就很难给人以美感。

观察街上的女性，走路的时候多把腿的外侧显露在外面，给人两腿粗短的印象。

另一方面，从大腿内侧到小腿肚内侧，再经过内脚踝到达脚背，使其都在一条线上，不管什么样的腿形都能显出修长的线条。能够凸显出这种线条，不论是谁都可以拥有迷人修长的双腿。

模特们为了使自己看起来美丽，都在练习让自己双腿的内侧朝外。

显露腿的内侧线条也是芭蕾世界不容忽视的要点。芭蕾舞者即使是平时站立的时候也会把脚跟合拢，脚尖张开至90°。跳舞的时候，绝对不会显露大腿外侧线条。如果在练习中把外侧线条显露在外面的话会被狠狠训斥的！可见大腿内侧线条多么重要。

只要显露内脚踝，腿内侧的线条自然会完整地显露出来。不论是走路还是站立，一定要试着把内脚踝显露出来。完全不同的美丽将通过您的修长双腿显露出来。

高跟鞋的超级魔力2

重塑双腿的修长纤细感

穿上高跟鞋之后，如果再显露出双腿内侧线条，双腿就会变得非常修长。

如31页图片所示，比较赤脚和穿高跟鞋的两种情况，仔细观察一下就会明白：因为腿的长度发生变化导致身体比例发生了变化，腿看起来变细了，松弛的肌肉紧绷起来。不仅是小腿，大腿也会变得修长起来。双脚并拢站立，穿上高跟鞋的变化只停留在表面，略显孩子气。相比之下显露内脚踝会使双腿有侧影，凸显女性的性感与成熟气质。

高跟鞋的超级魔力3

让腿部更显笔直

下面请仔细观察双腿的线条：

赤脚的时候，腿外侧的赘肉给人浑圆的感觉，穿上高跟鞋之后赘肉从视觉上少了很多，腿部也变得笔直。在这种情况下，再显露双腿的内脚踝，美丽而修长的双腿就打造出来了。

模特的双腿本来非常美丽，如果再配上这个站姿，会更加迷人的。同时，这对纠正O形腿也是很有帮助的。

穿平底鞋腿会变成这样，浑圆的外侧给人累赘的感觉。小腿的长度如图所示。

穿上高跟鞋腿部明显变细，小腿的长度如图所示，比之前修长很多。

把内脚踝显露出来，线条就变得非常美丽，小腿变得非常修长，小腿长度一直延伸到脚背。

构筑腿部清晰轮廓

穿平底鞋的时候脚部与双腿成90°，脚部会给人混沌的印象。穿上高跟鞋后，脚部得到伸展，看起来线条清晰。不仅如此，脚背也被拉伸。

比起赤脚的时候，脚背的长度凸显出来。如果进一步露出内脚踝，腿部不仅变得细长，而且从脚背到脚趾一直延伸下去，这是美腿的要点。芭蕾舞者同样非常注意这点。脚部粗短的人更要注意强调脚背的长度，从脚趾到大腿连成一体才能打造出美腿效果。

脚背也被计算到腿的长度中。而最为重要的是脚趾，鱼嘴鞋让脚趾的美丽展现出来，同时可以增长脚的长度。

提升身高，毋庸置疑

高跟鞋可以提升你的身高

穿上高跟鞋之后你的身高会明显增加，身姿也变得优雅很多。或许整个人的身高因为体态挺拔增加的要超过鞋跟的高度。

高跟鞋的原型是16世纪威尼斯首次出现的一种叫"乔宾"的鞋子，鞋跟足有60cm。它和花魁穿的高齿木屐有着相似的含义。

穿这种鞋的目的是增加身高，可以撑起长长的裙摆，使人觉得华丽而高贵，但这种鞋完全不能走路，为了改善这点，人们发明了高跟鞋。高挑的身材一直是女性所追求的目标，当然有很多女性因为担心身高过高，对高跟鞋敬而远之。其实这是没有必要的，高跟鞋可以改变全身的平衡。高挑的女性天生就比矮小的女性更易引人注目。

理想的收腹提臀效果

穿平跟鞋的时候身体重心朝下双腿向外，给人腿部粗短、臀部下垂的感觉。

但穿上高跟鞋后显露了腿部内侧线条，重心自然移至中央，臀部自然拉紧，从膝盖到臀部的肌肉随之上提。

"臀部收紧之后尾椎骨会朝向正下方"。

我经常穿高腰裙，这样臀部不仅会收紧，重心也会集中在躯干，重心集中后身体左右摇晃的现象也会随之消失。请想象一下芭蕾舞者的臀部，她们的臀部中央非常紧致以至出现凹陷，我称之为"臀部的酒窝"。正是用脚尖站立的芭蕾动作锻炼了臀部肌肉。有"酒窝"的臀部是最理想的，可以通过穿高跟鞋锻炼出来。

同样修正脚部线条

很多女性觉得自己的脚掌过于肥厚，有"肥大族"等说法。但我在这里想说的是，人与人之间脚掌的厚薄基本没有差别。换言之，脚掌天生厚的人是没有的。不同人的腰围和大腿粗细确实会有很大差别，这是由于脂肪厚度不同所致。锁骨、脚掌除非是水肿，否则难以堆积脂肪，人与人之间不会有太大差别。有的女性说，"因为脚掌太厚所以不适合穿高跟鞋。"我认为"因为不穿高跟鞋所以脚掌显得肥厚"。请看右侧照片就知道我并不是在信口开河。

模特穿上高跟鞋后，脚掌的厚度看起来也会与不穿时不同，我还要进一步解

穿平底鞋的时候脚掌容易给人宽大的印象。

释：不穿高跟鞋本来细窄的脚掌也会显得宽大。穿上高跟鞋之后肌腱紧绷起来，走路时肌腱会得到锻炼呈现出更美的线条，因此越是觉得脚掌宽大的人越应该穿高跟鞋。

介意这一点的人请在裙子的长度上下一点功夫。最开始的时候请穿离脚踝7~8cm的裙子，鞋跟不要太高，3~4cm就可以了。

请试着显露内脚踝站立，清晰的脚部线条自然会呈现出来。你会变得充满自信，你的裙子也会越穿越短。

穿上高跟鞋整个脚都会变得纤细。

坐姿时的小腿长度也能瞬间增加

坐在椅子上的时候，小腿的长度比站立的时候更显眼。比如面试的时候恰巧坐在面试官的对面，或者坐在大厅椅子上等人的时候，如果穿着高跟鞋会显得格外好看。还有拍照的时候，穿高跟鞋的人拍出的效果要比没穿的人好得多。所以不光是在拍集体合影的时候，包括拍全家福时也要穿上高跟鞋。哪怕是拍照的时候临时换上也可以。

这个时候要注意不要把腿往后伸，这样会使脚部有弯折的视觉感，削弱了高跟鞋的作用。坐立时，鞋尖保持放置在膝盖前方10cm处，这个位置的视觉效果是最好的。

但要注意所谓把腿横向放置这种"模特的坐姿"是身体歪曲的元凶，不要保持这种姿势时间过长。

穿上高跟鞋之后小腿顿时增长，从正面看过来的人会把我手指所示的部分全部当成小腿的长度。

高跟鞋的超级魔力9

打造身体的纵向优美曲线

在中世纪的欧洲，即使是男性也热衷于穿高跟鞋，他们有着芭蕾的理念，那就是向上再向上，主要是为了打造身体的纵向曲线。但是这样为什么就能呈现出美好的身体曲线呢？这是因为穿上高跟鞋之后，人被纵向拉长了，横向看起来就会纤细高挑一些。

这是纵横比例问题，让我用自己不太擅长的数字举例：如果一条浴巾是长100cm、宽70cm，把浴巾加长到150cm的话浴巾会形成怎样的视觉效果？你一定认为是"又细又长的浴巾！"其实浴巾的宽度没有变化，只是因为长度加长使其看起来变细而已。高跟鞋就是根据这个原理拉伸全身曲线，让你收获极致的美丽。

要点 *Point* 3

打造身体的纵向曲线

瞬间变身小脸美人

最理想的身长比例是"八头身"，但是可能除了模特之外我们普通女性的身长比例多为"六头身"，但是我们可以通过高跟鞋达到"七头身"的比例。请看第42页的照片，就能感觉到同一个模特穿高跟鞋和平底鞋的区别。

穿上高跟鞋之后，头部与身体总长的比例明显变小，也就说脸看起来小了。这个模特因为本来就很高，所以前后变化相对较小，如果身高是160cm左右的女性穿上7cm的高跟鞋，比例会发生相当大的变化。也就是说高跟鞋让你瞬间变身小脸美人。

高跟鞋的超级魔力11

缩减腰围的视觉效果

接下来是横竖比例的变化。穿上高跟鞋之后，由于身高被拉长而显得腰部纤细，从第42页的照片我们可以明白这一点。这是因为穿上高跟鞋之后腰部宽度与总身长的比例变小。另外，在穿上高跟鞋之后，腹部、背部的肌肉会被拉伸，这也是腰部变细的原因。对腰部线条不自信的人常常用肥大的衣服掩盖，这恰恰起到了相反的作用。其实穿上高跟鞋并用腰带突出腰部，利用我们前面介绍的比例效果才是最有效的。

提升腰部平衡点

正如照片所示，高跟鞋可以提高腰部位置，给人腰高腿长的印象。越是腰位低的人越应该穿高跟鞋提高腰位。

本来身材很好的模特因为穿了平底鞋而缺少了应有的艳丽，脚下也显得有些孩子气。

穿上高跟鞋之后整个身体的平衡都发生了变化，请注意腰位、头部与身体总长的比例的变化，腰部与身体总长的比例的变化。

背部线条更有型

　　穿上高跟鞋之后重心会自然上提，背部肌肉也随之收紧，因为背部赘肉容易给人年纪偏大的感觉，所以穿高跟鞋可以保持美丽的背部身姿。

平底鞋使重心下移，背部和臀部的肌肉也不自觉地下垂。

穿上高跟鞋之后，从脚跟到头部被拉伸开，重心上提，背部舒展开。

43

完美的360°美人

　　我们照镜子的时候只能看到自己的正面，但实际上我们的侧面、背面都会呈现在别人面前。看了自己不经意间拍的DV还有照片，你就会发现自己以前没看过的背影。

因为平底鞋在一个平面上，没有深入的空间感，整个人的存在感都被削弱了。

高跟鞋不仅在脚下留下暗影，还能增强脚部整体的存在感。

　　所以知道了这一要点，自己平日不仅要注意正面身姿，更要时刻注意自己的整体魅力。我在日常生活中强调形象是"前三后七"，因为练芭蕾的时候侧面和背面角度尤其重要，养成了这种习惯。

　　穿高跟鞋的时候，臀部和背部的肌肉被拉紧，变成了背部美人，除此之外，高跟鞋能打造立体感并有表现阴影和空间的效果。阴影和空间感是女性魅力中重要的一部分，它表达了开朗中的典雅，沉静中的坚强，华丽中的纤弱。这种魅力被360°全面呈现。

　　高跟鞋首先打造了脚部立体感，因为脚尖着地大大强调了脚部的曲线美，同时，鞋子也映出暗影。

　　而且，高跟鞋赋予了全身一种立体感。穿上高跟鞋之后肌肉被拉紧，重心上提，肩胛骨展开，全身的影子和空间感也随之产生。

　　如果遮住一个人的脚，仅凭上半身我也能判断出这个人是穿高跟鞋还是平底鞋。因为穿高跟鞋的人整个身体都很深邃，脚部打造了整个人的优雅身姿。

　　从中世纪的欧洲开始，西式服装是穿高跟鞋的搭配前提，注重立体感的西式服装和高跟鞋交相呼应，全身也因高跟鞋变得更协调。

　　高跟鞋打造了女性的深邃之美。

第 3 章

高跟鞋让你变成 "足金" 美人的 超级魔法

穿上高跟鞋之后，你也许会注意到从前没有注意到的事物，也可能会从新的视角看到以前从未看到过的世界。"只是穿上高跟鞋，世界就变得这么美！"这绝不是夸大其辞。高跟鞋真的具有一种魔力，能够把你日常生活中最普通的一切变得精彩起来。

改变餐厅服务员的领餐路线

你是不是很喜欢去酒店等高级餐厅约会呢?

"喜欢是肯定的,只是有些紧张。"

这样回答的人很多。

"不知道店里的人怎么看我,是否会把我和其他客人做比较。因为有这样的担心,所以即使是美味的食品也不尽兴。结果就是经过无数次的犹豫,最后还是放弃了去高级餐厅的念头。"

课堂上我的学生这样对我说道。

那么,受店员欢迎的客人是什么样的呢?

我们在课堂上请来了中林正之先生,他是东京知名酒店的经理,他将给我们详细讲解去高档次餐厅就餐时需要注意的礼节。

在大部分的酒店都有这样约定俗成的做法,穿着时尚的客人会被引领到餐厅中央最显眼的位置。即使是在中林先生的酒店里,也是这样培训服务员的。这并不完全是因为餐厅档次高,更因为酒店本身非常注重营造高雅气氛。一方面要尽可能地尊重客人,另一方面也要尽可能地提升餐厅的格调。

但是当与餐厅风格不符的客人到来就餐时,作为服务员是不能无礼地冒犯客人的，所以只能在座位的调整上弥补一下。

这个做法也是向其他客人传达一个讯息，"我们的餐厅非常欢迎那样穿着的客人。"

也许有人听了这些会更加紧张，"也就是说只有时尚的穿着才能吸引别人的注意力啊！"

其实没有这么复杂，这时高跟鞋该出场了。

我说的时尚绝不是指要穿一身名牌。有的人言谈举止就仿佛在告诉别人我是真正的优雅女人。我想说的是我们要先从自己的脚下做起。

"酒店的服务员先从客人的鞋子看起。"我们经常会听到这样的话，这句话是对的。不管你身上穿着多少名牌，脚下的鞋子破烂不堪或者脏兮兮的话，怎么也不能算是一个高雅的客人。

大家今后去高级的餐厅吃饭请穿上自己喜欢的高跟鞋吧。如果鞋子不适合长时间走路，那在出租车上提前换一下也无妨。

相信我，烁烁闪光的高跟鞋是通向核心座位的法宝。

高跟鞋的超级魔力16

悄然提升自身素质和品位

最近常常看到"雅女"这个词，何谓"雅女"呢？

"雅女"与收入无关，是指素质很高并不断提升自身品位的人。

不断提升自身品位是什么意思呢？其实，真正做到这一点并不是希望得到别人的好评，更重要的是源于对自己的严格要求。也就是说，我们并不期待别人的夸奖：你真的越来越像雅女了。而是在我们的内心深处对自己说，"我要时刻注意提升自己的品位。"高跟鞋正是我们的知心伙伴。

美丽的双足可以使整个人都变得美丽，但是华丽的装饰品却没有这个效果，它们只是在彰显自己的价值而已。

穿上高跟鞋高雅地迈着脚步，这个时候你的品位在不知不觉中得到提升，作为"雅女"的你也光彩照人。

比起昂贵的项链，高跟鞋更能显示出女人的品位。

T恤牛仔也变成礼服

一双合适的高跟鞋可以让普通的衣服大变身，马上试试吧，会有意想不到的收获！

一个好朋友，穿着T恤和牛仔出席聚会，如果她再穿一双运动鞋肯定会被当成一个"土包子"。但那天她穿了一双合适的高跟鞋，所有的人都赞叹道："好时尚呀！"在周围人的赞扬声中，她整晚都陶醉在欢快中。

平日里就已习惯穿高跟鞋的她腿部直而挺拔，即使是穿着牛仔裤也非常吸引人。

不仅是在聚会上，约会的时候也同样建议大家试试这种搭配方法。

昂贵的衬衣、裙子配上一双平底鞋远不如T恤、牛仔搭配高跟鞋看起来更时尚。

一双高跟鞋比任何珠光宝气都能提升女性的品味哦。

彻底放弃牛仔裤配运动鞋的穿法吧。

高跟鞋的超级魔力18

给人留下优雅不俗的深刻印象

高跟鞋诞生于中世纪的欧洲，凯瑟琳王妃就是穿着高跟鞋嫁到法国的，很多人被她楚楚动人的身姿所吸引，高跟鞋也渐渐地在法国上流社会流行起来了。

中世纪的欧洲，以路易十四为首的男人们也曾一度热衷于穿高跟鞋，不论男女都穿着高跟鞋优雅地跳舞。

路易十四认为"美创造了世界"，没有美就没有胜利。能提升人的身高，拉长腿部曲线的高跟鞋被他视作珍宝。

对当时的女性来说，穿高跟鞋与穿束腰、低胸的长裙一样，是女性教养的一部分。

知道了这些之后，你就能更深刻地感受高跟鞋的魅力了。

我不仅对鞋子，在买家具、小饰品的时候也都喜欢弄清其产生背景。知道了高跟鞋的历史之后再进一步掌握其穿法，你就会给人留下优雅不俗的深刻印象。

轻松成为让人眷顾的魅力女人

比如就职面试的时候，求职者想让别人看到自己的哪一面呢？

"我想让别人看到自己内心优秀的一面"，很多人都这么说。但在短短的几分钟内要对人的内在作出判断似乎很难，所以还是需要通过外表进行第一印象的打分。即使是男性，也需要穿套装打领带，这样才能给人稳重的感觉。

至于女性，我想非常重要的是她们的脚下。

在重大场合穿高跟鞋给人以有素养的印象，平底鞋则给人留下孩子气的印象。用人单位更加信任、偏爱谁？我想应该是穿高跟鞋的女性。

其实不光是就职面试，我们还走访了很多便利店的老板，他们说即使是选择临时打工者，他们也会如此选择的。

不论是公司还是商店都是一样的。

"我觉得她是个稳重的人，所以愿意聘用她。"这些能够获得别人偏爱的女性恐怕都非常注意自己脚下的鞋子。

"我是一个售货员，要不停地走动，穿平底鞋会舒服一些。"其实，这种想法只会让你吃亏。如果是穿平底鞋方便那就在工作之前换上吧。

一个人在社会上打拼，鞋子是非常重要的。在公司上班，办公室里你穿什么样的鞋子呢？

"公司内为了凉快就穿凉鞋吧。"

"在电车里全是拥挤的上班族，我总是穿平底鞋。"

但是想在办公室突出地表现自己，必须非常注意自己的鞋子。上司也好、顾客也好，对女性的鞋子都非常敏感。比如在有顾客的场合，上司在接待室里介绍说"这是新来的负责人某某女士"。如果这个时候你穿着高跟鞋，会让上司很放心："她是没问题的，不论带到哪儿去都不会丢面子的。"

从此以后你都会被重用，但孩子气的运动鞋和不正式的凉鞋就难以达到这样的效果。

如果说没必要在公司一直穿高跟鞋，那就在正式的会议场合穿吧，喜欢你的人会越来越多的。

第 *4* 章

灰姑娘首先
要会选鞋

到现在依然苦于穿高跟鞋的朋友或许是因为没有正确的选鞋方法吧。

怎样才能找到让你风韵无限的那双鞋呢?

在这里你会学到专业知识,帮你迈出关键性的第一步!

选择高跟鞋的3个关键点

我咨询了选鞋师对高跟鞋选择方法的看法，让我吃惊的是他们的选择方法和芭蕾舞鞋的原理如出一辙，在这里我要强调三点。

1 脚在鞋中伸懒腰

如果脚趾在鞋子里弯曲，不能完全舒展，不仅会造成疼痛，还会导致走路内八字。

2 鞋子被吸附在脚板上

走路的时候感觉鞋子吸附在脚底上，和脚部融为一体，这样的话不仅易于走路，还不容易引起疲劳。

如果开始不习惯，就先不要选择没有鞋带的鞋子。因为有带子的鞋子固定感强一些。

3 鞋后跟没有松垮之感

如果鞋子的大小不合适，走路的时候鞋跟部会不合脚，不但走路姿势难看，而且还会使脚部疲劳不堪。

在买鞋子的时候，一双鞋子要试穿10分钟左右。不管是多么喜欢的鞋子，如果试穿的时候有不适的感觉，请立即放弃这双鞋。

刚穿上觉得不错，但5分钟之后觉得挤脚甚至小拇趾疼，那么也要放弃。

试穿10分钟之后仍然觉得很舒服，这个时候我才会买。

如果买鞋子的时候不这么谨慎，以后肯定会后悔的。

当然，在售后服务较好的店里买鞋也是非常重要的。

要 点
Point **1**

不要让脚趾关节无法伸展

穿鞋时，不要随意弯曲脚趾。脚趾弯曲不仅是造成疼痛的原因，而且因为对脚部施加外力，会使脚掌看起来肥厚，不美观。

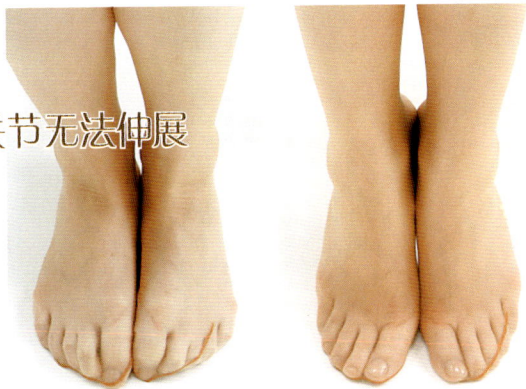

即使穿上鞋，脚也要像如图所示伸展开，这样才是最理想的，五趾均匀受力，步姿也很有美感。

要 点
Point **2**

脚底的舒适感

要 点
Point **3**

鞋后跟不要有松垮的感觉

这双鞋的鞋跟有9cm，设计一流的鞋跟平衡感非常好，即使鞋跟很高也不会有晃晃悠悠的感觉。

选鞋师的专业选鞋法

到现在为止，以芭蕾理论为基础产生的美腿的角度、高跟鞋的功效以及高跟鞋的穿法，都给大家做了详细的说明。当然，高跟鞋的选择方法也是非常重要的。在本书创作过程中，我专门咨询了高级选鞋师木村忠士老师。

木村老师是屈指可数的专家，拥有丰富的知识和经验，拥有超群的美感鉴赏力，是我非常信任的选鞋专家。

根据木村老师的理论，选鞋最重要的是脚的形状。日本女性中脚面宽、脚背高的人占有大多数。许多知名公司都是根据这种脚形做的鞋子。但实际上脚的形状是因人而异的，所以一定要避免因为喜欢一双鞋的设计而买这双鞋。

那么，如何正确选鞋呢？木村老师给我们做了详细的指导。

最重要的是鞋子要符合脚的宽度。非常容易穿入的鞋子是不能买的，鞋子过宽，脚就像在鞋中游泳似的，这时脚趾会狠狠抓地，不仅趾尖弯曲，而且走路的时候，脚掌周围会疼痛不堪，膝盖也会不自觉地弯曲。

脚跟的形状和鞋子后跟的形状是否吻合也是非常重要的。脚跟较平的人如果穿上后跟弧度较深的鞋子会觉得鞋子不跟脚。脚跟较平的人不适合穿后部是细带的鞋子，非常容易脱落。

然后是你脚趾的形状。人的脚大概分成三种类型。一是大拇趾较长的，二是食趾较长的，三是两根脚趾长度相当。尖头鞋适合食趾较长的人。另外，还要注意鞋子的裁剪。

根据木村老师的理论，不管是什么样的脚形，中部镂空完全裸露脚背的高跟鞋是不推荐初学者穿的。虽然看起来好看，但因为其没有侧边，与脚的贴合度差，脚跟的线条也容易损坏。

为了保持身体的平衡感，身高160cm以下的女士不要选择超过7cm的高跟鞋，身高160cm以上的女士鞋跟要在7cm以上。

"只有鞋子完全适合脚形，才能不受鞋自身重量和高跟所累，即使70岁也能穿9cm的高跟鞋。"

我相信我能做到！

木村老师只要看看鞋子，就知道这位女士走路的姿势。走路内八字的人在不知不觉中两只鞋的内侧就被磨损了。穿偏大的鞋子走路，不久鞋后跟会渐渐磨损。

不管怎么说，这些都是没能正确穿鞋的例子。如果有机会，一定要找一名选鞋师来帮助你选一双合适的鞋子。

如何防止高跟鞋成为外翻拇趾杀手

现在外翻拇趾症的发病率越来越高，但却有很多人不了解这个词的真正含义。外翻拇趾症是指大拇趾从根部开始变形，向外翻长，并伴有疼痛和炎症。严重时不能正常走路，甚至要做手术。

很多人误认为外翻拇趾是由于穿高跟鞋引发脚部负担过重造成的。如果你知道有一部分人只穿运动鞋也得了这种病，就会理解高跟鞋并不是引发外翻拇趾症的原因。

外翻拇趾症其实与鞋子无关，这个病的症状是脚部弧度消失，脚底扁平，拇趾骨头松动。其实，介意外翻拇趾症的人应该更加积极地穿高跟鞋。

浅口女鞋 / BRUNOMAGLI

灵活运用护腕

在芭蕾舞台上有一种装饰品叫护腕。我建议想穿高跟鞋的初学者用护腕固定鞋子和足部。本来戴在手腕上的装饰品可以有前页图片的用法。

有人担心这样看起来太奇怪了。

其实只要选择与鞋子相同的颜色，不近看是发现不了的，以为只是鞋带。这些材料在手工饰品店里是很容易买到的。

在芭蕾或衣帽用品店里有售

灵活运用芭蕾舞袜

经常用脚尖站立的芭蕾舞者特别注意保护自己的趾尖。现在已经有了专门的保护品，但以前芭蕾舞者都是用袜子的一部分来护脚。从袜筒上剪下10cm的长度，折叠之后套在脚趾上，这样穿鞋时疼痛会减少很多。

"今天买了一双新鞋子，不知道穿起来会不会脚疼。"

有人会有这样的担心，准备一截袜子放在包里，心里会踏实很多。

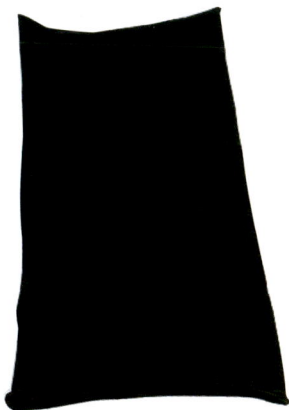

永恒的四大经典高跟鞋

在这里向大家推荐几款意大利品牌的鞋子。意大利的凯瑟琳·德·美第奇公主嫁给法国国王亨利二世的时候，也把芭蕾、香水、果子露、太阳伞、刀叉等时尚的日常用品带到了法国。高跟鞋也是一样的，在法国经过洗涤、筛选最终保留下来。时尚之都巴黎的原点是意大利。

500多年前意大利人就热衷于鞋子，不仅仅是女人穿高跟鞋，就是男人的鞋子也如此。颜色、形状、穿上的感觉等，都带着特有的魅力。

莫罗·伯拉尼克（MANOLO BLAHNIK）

这个品牌以鞋跟的形状来衡量高贵气质。MANOLO本来是一名时尚设计师，后来在一次工作中因为需要设计一双鞋子，就转型成鞋子设计师。

1972年，他在一次收藏展上首次亮相，当时他已精通鞋子设计，并有10多年的工作经验，是行业界的制鞋达人。

朱塞佩·萨诺第（GIUSEPPE ZANOTTI）

1994年创立的意大利名鞋，因其质地优良和技术非凡而受到推崇。创立者GIUSEPPE ZANOTTI于1959年生于意大利，后师从Quinto CASADEI，2008年在东京银座开了一家直销店。

芮妮·乔薇拉（RENE CAOVILLA）

这个品牌被称之为"朱丽叶"，是高贵的象征。不论是好莱坞女星还是欧洲贵妇都钟爱这个品牌。螺旋状鞋带的蛇皮凉鞋、玫瑰花纹的装饰和浅口低边女鞋是这个品牌的代表。

RENE CAOVILLA因艺术收藏家而闻名，后在银座开了一家直营店。

布鲁·马格利（BRUNOMAGLI）

意大利最具代表性的皮具名品，因其上好的材料和技术而受到王室贵族的喜爱。1936年由Magli三兄弟在罗马尼亚州创办。

爱上它们的理由

　　我一点一滴地攒钱，然后买这些高档的高跟鞋给自己作为奖励。名牌高跟鞋可以使腿部看起来非常迷人，并且能凸显脚背的美。

　　因为显露脚背可以使腿部曲线看起来更加完美。上图照片中高跟鞋的皮带相互交叉，更能凸显脚背的美。而且穿有皮带的鞋子，能够增强脚部与鞋子的

贴合度，使之穿起来更轻松，所以我非常推荐大家买这种鞋。

左侧高跟鞋足足有12cm的高跟，但看起来却不是很高。这是因为鞋的前部有一层厚厚的底，一般厚底的鞋子缺少纤细的感觉，但这双鞋却充满女性高贵柔美的气质，因其带有鞋带，所以推荐给初学穿高跟鞋的人。

右侧的高跟鞋有繁多的饰物，看起来非常厚重，但穿上才发现它非常轻便，并且鞋子很柔软，与双脚的贴合度很好。鞋子中部使脚背裸露，更能体现双脚的美丽。这双鞋可以代替全身的饰品，演绎出高贵与华丽。如果能买到这双鞋，可以作为珍藏送给女儿。

第 **5** 章

高跟族的
美丽站姿

站姿在给人的第一印象中非常关键。
只是站在那儿就给人强烈的存在感，
不用说话就能向人打开心扉，
可以向别人传递自己所想，
拥有自信的生活……
你的站姿表达了什么呢？

露出内脚踝，笔直站立

　　显露内脚踝，自然挺拔地把身体展开。

　　把身体展开的意思是把胸部舒展开，保持优美的身姿，身体成一条直线，不仅身体笔直，更给人值得信赖和易于交流的印象。

　　相反的，如果内八字走路就会含胸驼背，给人阴郁没有自信的印象。

　　若是显露内脚踝的同时挺胸抬头，整个人都有立体感了。

　　我们平时穿的西装截断了身体的立体感，所以穿西装时保持身体的立体感是尤为重要的。

　　双腿是展现女人魅力的重要部分，为了能够穿出优雅的气质，良好的站姿是基本功。

双脚的放置方法

芭蕾舞的第三位置

芭蕾舞中有6种基本位置，第三种是最容易的。一只脚的脚心靠近另一只脚的脚跟，这样可以强调腿部的内侧线条。

这个姿势不仅看起来美观，而且轻松自然，不容易劳累，所以推荐给大家。职业模特日常都是保持着这种站姿的。

从上而下看第三位置，左右两脚的前后位置可根据个人习惯，你觉得显露哪条腿更美呢？

横向看第三位置，脚背完全伸展，5根脚趾均匀受力。

体重的分配法则

5根脚趾牢牢紧扣地板

为了能穿上高跟鞋自在地行走，首先要学会稳稳地站立，所以5跟脚趾要均匀地承担身体的重量。用芭蕾舞（见书中第77页的详细介绍）中"踮脚"的姿势感觉5根脚趾紧紧撑住地面的感觉。请再看一遍本书第59页的图片，如左图所示如果脚趾蜷缩，不管你怎样提起脚跟，你的重心都会落到脚的侧面。这容易造成O形腿，并可能导致挫伤。这种站姿容易给大拇趾过大的压力，甚至导致其疼痛变形。

让5根脚趾都舒展开吧！

从前面看第三位置，不仅强调了腿的内侧线条，两条腿紧密贴合，丝毫不存在O形腿的问题。

升级版的站姿
芭蕾舞的第四位置

芭蕾舞第三位置是指后脚的脚心紧贴前脚的脚跟。下面我将介绍更高难度的站立姿势。从第三位置开始把前脚向前移动5~10cm，使前脚的脚跟放在后脚的脚尖位置。这就是芭蕾舞中的第四位置。

相传这个站立姿势曾受到路易十四的喜欢，因为它可以给人威严神圣的印象。而且两脚间有了间距，所以能使人平衡站立，给人安全感。

出席大型宴会的时候，以这样的姿势站立，一只手举着高脚杯，另一只手自然地放在胸前，给人落落大方的印象。因为后脚也承受了身体的重量，所以安全感大大增加，即使长时间站立也不会觉得疲倦。

要点 *Point 1*

第四位置：
长时间站立不疲倦，
尽显迷人曲线

第四位置不仅强调了前脚的内侧曲线，而且使后脚的内侧曲线也完美地呈现出来，这是经过测量的最美的角度。

在两腿之间夹一条毛巾，保持一段时间，以锻炼两腿内侧的肌肉。

要点
Point 2
像芭蕾舞者一般练习

把踮着的脚和高跟鞋摆在一起，保持这个脚形，刚好可以和高跟鞋完全贴合。

从芭蕾舞练习站姿的简易课程

用毛巾检查双腿内侧曲线

美腿的关键在于双腿内侧的完美线条。相比外侧的线条，内侧的肌肉曲线更难以把握。让我们试着用毛巾来检查一下。腿内侧的肌肉不必刻意去锻炼，只要有意识地站立、走路，自然地拉伸腿部线条就可以了。借助器械锻炼腿部更是没有必要了，最重要的是意识问题。

用芭蕾舞第三位置的姿势站立，在大腿之间夹一条毛巾，并保证毛巾不要掉下来。这个时候就锻炼了腿部内侧的肌肉。这个时候你触摸一下自己的大腿内侧，会感觉到腿部肌肉结实很多。

泡完澡之后，一边擦拭头发一边用双腿夹住毛巾锻炼肌肉，保持30秒钟就可以了。习惯之后，出门的时候双腿会有意识地收紧。

适应高跟鞋的踮脚练习

芭蕾舞中的"踮脚"脚形刚好适合穿高跟鞋的情况，就如同踮起脚伸手去拿高处的物品。平日里注意锻炼这个脚形，这样才能适应穿高跟鞋。

坐在椅子上尽可能地抬高脚跟，如此反复练习。需要注意的是不能蜷缩脚趾，一定要让它们尽量舒展。这样可以避免走路的时候呈现O形腿。

这种运动不仅能锻炼脚趾，更能锻炼脚底的肌肉，同时可以拉伸小腿腿肚。这个动作非常适合想熟练掌握高跟鞋穿法的人。虽然称之为运动，但一点难度都没有，你可以在边打电话边看电视的过程中来做这个运动。

伸直背部坐在椅子上，即使看电视也可以轻松完成，注意此时膝下的长度。

注意不要变成内八字，有意识地抬高脚跟，5根脚趾也要伸展开。因为抬起了脚跟，小腿也得到拉伸。

第 **6** 章

穿上高跟鞋
优雅地行走

优雅的高跟鞋脚步，
名模和演员为什么能那么优雅地行走？
穿着高跟鞋的脚一点都不摇摆。
但是多数人总是羡慕一下就算了。
在这里我们要掌握芭蕾舞的要领，穿上高跟
鞋迈出优雅的第一步。

迈出第一步

　　不要刻意想着是在走路，只需寻找向前迈一步把脚放在地上的感觉就好。充分信任自己的双脚，把整个体重都移至脚上。这是每个人都能做到的。战战兢兢地迈步，视线会不自觉地向下，含胸驼背，破坏了身体的平衡。心里想着仅仅是迈一步，就不会总注意脚下了。

　　自信满满地抬头挺胸向前走，这样会很自然地把身体的重心移到双脚上，迈出优雅的一步。

台上1分钟，台下赤脚易轻松

穿着鞋子练习走路姿势的效果并不是很好，因为找不到脚踏实地的感觉。所以第一步是在家里赤脚练习。

内脚踝朝外，脚尖先着地，不要让对面的人看到自己的脚掌

穿高跟鞋走路最重要的一点是不能脚跟先着地，虽然穿运动鞋的时候是提倡脚跟先着地，但高跟鞋与之不同。

穿高跟鞋最理想的状态是脚尖、脚跟同时着地，用猫步前行。注意不要让对面走来的人看见自己的足底。

高跟鞋的鞋尖和鞋跟同时着地其实等同于赤脚的时候脚趾先着地。感觉就像有一个高高的鞋跟撑在脚下，以这种感觉开始练习，然后再穿上鞋子。

走路方法：脚尖→脚心→脚跟。

要点 Point 1

注意不要脚跟先着地

走路不要内八字，并注意显露出内脚踝，脚尖先着地。5根脚趾不要蜷缩，完全舒展。

重心由脚掌向脚跟移动，保持内侧曲线尽量显露出来。

前脚脚跟着地之后再迈出另一只脚，有意识地保持后腿笔直。

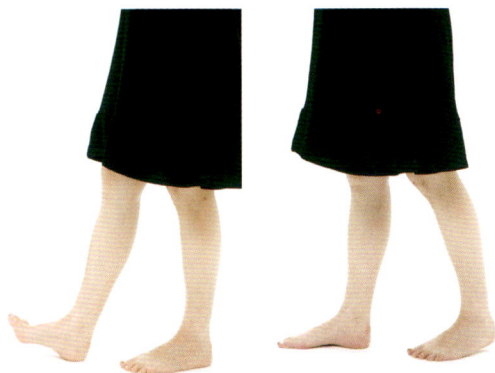

⊗

如果脚跟先着地，重心的移动就比较困难，后腿也无法保持笔直，走路一高一低的感觉非常不雅。走路时不要低头，否则容易含胸，给人衰老的印象。

芭蕾舞者的基本功

凸显脚背之美的"绷脚"

相比我在第77页介绍过的"踮脚"，绷脚是一个更高难度的动作。

不是芭蕾舞者的你没必要绷脚走路，这个练习是想让你学会凸显脚背的美，同时锻炼脚部的承受力。

首先坐在椅子上把脚跟抬起，就是"踮脚"，只有脚尖点地并且将内脚踝向外显露出来。这个时候再看脚背，由膝盖开始连成一线，整个腿因为被延长而显得格外美丽。

这个练习不仅伸展了脚趾，同时也锻炼了脚底肌肉，有的人会觉得脚部酸痛，这是脚底得到锻炼的原因。

坐在椅子上尽量抬高脚跟，接着踮起脚尖，芭蕾舞者多用这个姿势跳舞。

用一根彩带改善走路的姿势

　　最美的走路姿势是把内侧脚踝显露出来，并保持在一条直线上行走。左脚和右脚保持平行线行走是绝对不行的，这是用大腿走路的表现。

　　用红色的彩带练习走路，也是从赤脚开始练习。没有彩带，参照地板的边缘纹路也可以，只要走路时注意在一条直线上就可以了。

　　然后练习脚尖先着地，向外显露内脚踝。注意脚心落在彩带上，脚尖、脚跟落于彩带两侧，这样一步一步地走，用大腿平行走路的习惯可以得到很好的纠正。

有意识地从脚尖开始落地，并伸直脚背。

注意保持内脚踝显露在外面，脚掌踩在红线上。

在我的课堂上用到了手工店里卖的彩带，彩带长3m左右比较好。

穿上高跟鞋开始"学步"

找到脚心踩彩带的感觉

穿上高跟鞋之后，练习在一条直线上
走路，这个时候不要忘记找到赤脚走路的感
觉，内脚踝朝外，一步一步向前走，每一步
的脚心都落在同一条直线上，脚尖和脚跟在
线的内外两侧。走路的时候脚尖朝着同一个
方向，穿上高跟鞋的双脚和赤脚时的踮脚动
作是相同的，所以鞋尖和鞋跟能够同时落
地。

在课堂的练习中，学生们编了一个口
诀"着、落、落"，就是脚尖先着地，接着
把身体的重量落到脚上，最后再落脚跟。
"着、落、落"就是第一步，然后再这样迈
出下一步。

走路时一定不要使大腿平行，这样两
腿之间会有缝隙，别人都能透过缝隙看见对
面的风景，即使不是O形腿的人也会给人O
形腿的感觉。并且由于重心落在两侧，整个
身体的平衡感会被破坏，使人含胸驼背、目
光向下。检查一下这类人的鞋跟就一目了然
了，鞋子的外侧有明显的磨损。

鞋子底部在彩带外侧，鞋跟在彩带
内侧，使脚尖先落地的效果就是整
只鞋子同时落地。

内八字特点：两腿之间有缝隙，看起来像O形腿，腿部看起来也很粗，体重负担于身体外侧，腰部左右摇晃没有安定感，有摔倒的危险。

换一个角度看左侧的照片，如上图所示，在平时走路的基础上脚部大胆地向外展示内脚跟，彩带可以稍微落于脚掌后侧。

挺胸收腹，感受臀部的力量

接下来让我们把关注的重心放在上半身，走路不仅仅是腿的问题，灵活地运用上半身来调节身体的重心也很重要。

这里要注意的是，含胸驼背肯定是不行的，但是仅仅把上半身向前伸也不美观。

经常有人建议："把双肩打开，昂首挺胸，把胸向前送。"依照此建议肯定有人只是把胸部向前伸，而把腰部内收。这也是腰疼的根源，其实最理想的姿态不是过于扭曲自己的身体使其变成S形，而是先收腹，再用双手按住臀部。

即使有意识地保持笔直，有时也会下巴前伸，小腹凸显，侧面看像S形。这容易疲劳造成腰疼，腰疼是穿高跟鞋的大敌。

行进中重心移位的练习

找到重心移动的感觉

在这节课里我们将练习把重心移动
到前脚，进一步用前脚站立。

如右图所示，在近处放一把椅子，
椅背朝自己。内脚踝朝外迈出一只脚，
然后把上半身的重心移到前脚，收腹并
注意腰部不要前倾，这个时候会感觉到
臀部收紧，上半身自然向前移。

重心全部移到前脚后，不能摇摇晃
晃。在厨房做家务的时候，扶着桌台的
边缘也可以练习。

注意保持内脚踝显露伸出一只脚。重
心移动，慢慢前移，注意身体不要前
挺。

前脚重心前移，保持一段时间，觉得
身体不稳就扶住椅背。

让每一步都走得美丽自信

进一步伸展颈部

"尽量向上伸展颈部,向上、再向上!"

在课堂上,我总是这样对学生说,通过练习,平日里颈部不直的人可以得到很好的锻炼。

在这里需要强调的是不论是站着、走路,上半身都要像"1"字一样笔直。但是如果不注意,颈部弯曲会使上半身漂亮的曲线被破坏。有时间的话把整个背部贴在墙面上以纠正自己的不良身姿,脚跟、膝盖窝(不必过于勉强自己)、臀部、肩胛骨、后脑都能贴到墙壁上是最理想的状态。

在右侧姿势的基础上视线稍稍向下,给人温柔有品位的感觉。

经过练习，你会发现你的颈部比一般人靠后。

"颈部后伸好吗？"也许有人会这么问。穿平底鞋的时候，重心是向下坠落的。但是穿上高跟鞋之后，重心是向上提升的。

平常含胸驼背的人应该有意识地将重心向上提升。

这种姿态也能显示出人的气质和自信。当然这更源于一种对自身的鼓励和肯定。

不管是公司面试还是和恋人约会，或者陪孩子一起考试，一定要以这种姿态展现在众人面前。

要点
Point 2

从腰部到后脑整个背部都在一条直线上，身体有向上伸展的感觉

感觉身体有一根轴贯通，有没有觉得身体重心朝下，身体有不断向上伸展的感觉？这与身高无关，只要尽量向上伸展就有美的感觉。

双眼有神，足底生辉

高贵自信的脚步展现出你动人的美！

在聚会中，我们需要不断走动，和不同的人交流。这个时候一定要用前面教给大家的方法走路才能尽显高贵的身姿。

视线向下给人忧郁的感觉，不容易引起周围的人上前搭讪，不经意间可能会丧失很多美妙的邂逅。但是一个人的视线是长时间形成的习惯，不是说改变就能改变的。

积极的眼神在社交过程中是非常重要的，它能让周围的人更快地接受你，是友好的象征。

两眼间的连线和锁骨的连线形成两条平行线，并要保持两条线的距离不变。如果视线向下，距离就会缩小，如果身体摇晃也不可能保持距离不变。

还有需要注意的一点是，这两条平行线需要和地板平行。很多年轻的女性走路的时候头部一上一下，这是走路时膝盖弯曲所致，这种走路方法给人寒酸的印象，聚餐的时候是一定不能这样的。走路时注意眼睛和锁骨的平行线间距不变，挺胸抬头地向前走能够给人高贵的感觉。

要点
Point 3

两眼连线与两锁骨连线平行，走路时间距不变

眼睛的连线和锁骨的连线平行并保持距离不变，如果低头颈部会在锁骨处留下阴影，项链的光彩也会被遮盖住。

要点
Point 4

不要忘记用脚尖站立

鞋跟不要承担过重，请保持踮脚的姿势。

第 7 章

高跟鞋孕育出的内在美

你还记得自己成人之后第一次穿高跟鞋的经
历吗？

和穿平底鞋、运动鞋的感觉完全不一样吧。

高跟鞋虽然让你稍微拘谨，但能赋予你强大
的自信心。

穿高跟鞋的女人会和自己的心灵对话。

言行举止中的真女人

如果问我为什么这么热衷于高跟鞋，我的答案恐怕和大家一样，那就是因为我是个女人。水晶高跟鞋蕴含了灰姑娘等待王子的故事，我一直珍藏着自己的这份童话情结。或许说出来会被人笑话，但我认为既然生为女性，就应该随时随地保持自己的那份骄傲的高贵与风韵。

不论是衣服、礼服，还是帽子、手提包，男性和女性都有着不同的选择，其中男鞋与女鞋的区别是最大的。高跟鞋是高贵气质的升华，穿上之后能够唤

醒女性意识，使其举手投足间散发出作为女性的自豪。

女性温柔而坚强，充满了爱与包容。穿上高跟鞋的你能真实地感受到生为女性的快乐。

我经常说："即使我一百岁的时候也要穿高跟鞋，在举手投足间显示女性的高贵气质。"

因为我在日常生活中太熟悉高跟鞋了，所以有时会放松对自己的要求。借着此次给大家介绍高跟鞋的机会，我也给自己树立了"一百岁也要穿高跟鞋的目标"。

"是的，我一直没有这么做，注意到这点真好。"

"如果这样走路，会变得更漂亮，我也试一试。"

在同大家一起探讨美的问题时，也给了我检查自己不足的机会。

小女子要独善其身

修养并不是我们经常说的礼节，而是重视自身、注意细节的表现。

不要给身体增加什么负担，在内心舒畅的状态下最大限度地与周围融合……这样高跟鞋可以成为你特有的修养法宝。

举个例子，我每天都需要长时间站立、走动。如果站立和走动的姿势存在问题的话，不知不觉中会给腰部以及全身增加很多负担。

如果站立走路的姿势有问题，穿高跟鞋就会感到疼痛，而且步履艰难，可以使我们马上意识到我们的姿势有问题。穿平底鞋就会疏忽这一点，穿高跟鞋能够使我们及早发现自己的不良习惯，使自己更完美。

另外，穿上高跟鞋后如果注意走路的姿势，双脚着地的时候身体的负担就会减轻，更不会慌慌张张的，心里不踏实了。

能娴熟地穿高跟鞋是身心健康的表现，更能使我们时时刻刻注意自己的姿态。

穿高跟鞋可以使你的背部舒展，体态紧致，让你看起来更纤细高挑。高跟鞋仿佛是个美容教室，甚至可以说是"一个人的修养课堂"。让我们穿上高跟鞋优雅地享受生活吧。

谨慎礼貌的态度

过去，欧洲人有谨慎认真对待鞋子的习惯，直到今天这种习惯仍根植于他们的生活。本来就没有随穿随扔的习惯，欧洲人买鞋子和手提包都非常执著谨慎，并在之后的生活中非常爱惜地使用。

特别是鞋子，女性用自己辛苦赚来的钱买许多自己喜欢的鞋子并长时间地穿下去，这样自己脚下的舞台就被打造出来了。

没有必要事事追求名牌效应。一双好的鞋子就是不会让脚跟和脚趾受伤，可以呈现出自然的走路姿态，即使跑步的时候也不会发出尖锐的声音。

高贵优雅的女性万事都谨慎仔细，不管在什么场合下，都会稍作思考再去行动。这一瞬间的缓冲是高跟鞋赋予的。这时候，如果是穿上珍贵的高跟鞋就不会过分慌张，更不会给人走路跌跌撞撞的感觉。

穿上本来就很喜欢的高跟鞋，就会更早些出门以便让自己更从容地应付一些路上的突发事件。如此这般自如地把握时间，就会给人留下礼貌的印象。

时间上留有余地的人，心灵上也会留有余地。你是否意识到平日因为急匆匆走路而忽略了路边的一些风景呢？

不要只是冲着目标前进，用心注意一下其他的事物，观赏一下周围的风景，看一眼路边相互交谈的人们，这些会使你变成一个优雅的女性。

高跟鞋可以使女性的这种气质苏醒。

爱别人，也爱自己

因为要注意不能发出"当、当、当"的声音，所以对声音比较敏感。不仅仅要注意脚步声，吃饭的时候，放置书本的时候，都会无意识地注意不发出使他人不悦的声音。

穿着高跟鞋一步一步地走，每一步都思考自己的脚该落在哪里，在电车里就不会发生踩到别人脚的不雅行为。

在时尚的聚会上，穿平底鞋无疑破坏了宴会的气氛，但是本人很难察觉。

穿上高跟鞋，不仅自己脚下闪闪发光，对其他人鞋子的感知也敏感起来。在宴会上，把自己打扮得尽量时尚是基本的礼貌。

去赴约的时候，穿着美丽的高跟鞋可以给对方一种感觉："穿着这么美丽的鞋子来赴约，她一定是精心准备过的。"

一般人们是脱掉鞋子进屋的，穿鞋进屋会给对方的家里带来很多麻烦。

即使不是昂贵的高跟鞋，礼貌地拎在手里，不经意间把你内在的修养印刻在对方心中。

自信满满地生活

观察一下我课堂上的学生就会发现，刚刚开始适应高跟鞋的女性，也会自信满满的。人们更容易发现自己足下的美丽，因为发型和脸部的美要照镜子才能看到，但脚下的鞋子却不必如此。

把腿部内脚踝有意识地向外展露，不管是谁都会感叹：

"啊，我好美呀！"

打造美腿的秘诀就是显露内侧脚踝，这个部分没有赘肉。不论是对自己还是对别人，都能呼唤出美的感觉。

因为不知道这个秘诀，不少女性都没有自信，用显示双腿内侧曲线的方法走路时，半遮半掩、扭扭捏捏，最终半途而废，这样只会大大削弱女性的自信心。

那么，你的想法已经改变了吗？内侧脚踝有意识地显露出来之后，从上方看是什么样的？美吗？穿上自己喜欢的高跟鞋你就知道有多漂亮了。

我没有强行推荐的意思。大家只要尽力而为就可以了。观察我的学生之后我确信：避免急躁，慢慢来绝对是可以的。

许多过去有自卑感的女性在发现自己身上的美丽之后，都变得积极乐观起来，看到这点我由衷地高兴。

请相信，一双高跟鞋真的可以改变你！

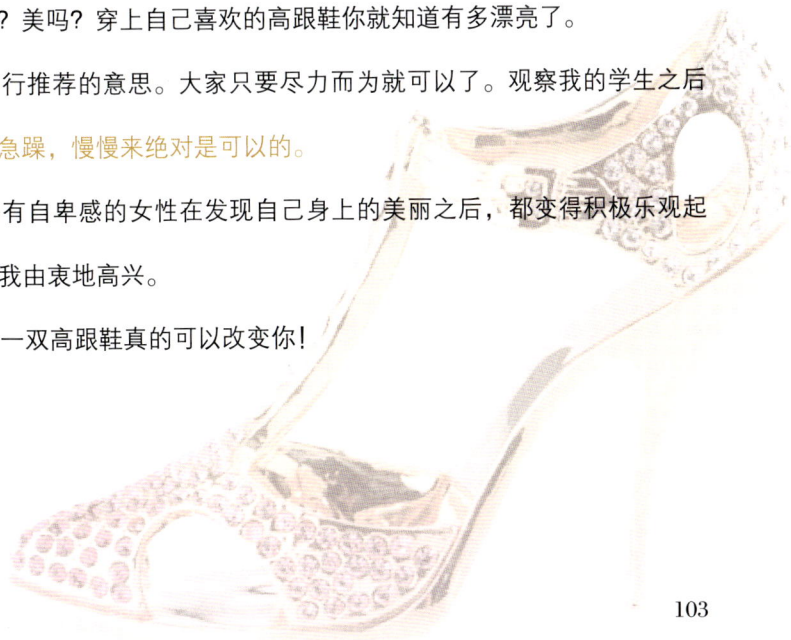

（裙装）

由美子女士的走路方法

穿高跟鞋走路的要诀与穿运动鞋完全不同，看上面一系列照片就会完全明白，我的脚抬得不是很高。"滑行走路"是最重要的，前脚的脚尖渐渐离开地面，这个时候，另一只脚向前移动，并且要显露内脚踝。

因为滑行走路的时候，上身不会一上一下地跳动。我们胸部和头部的位置，基本上是不会变动的，走路重心前移的时候，面部朝向正前方。只有喇叭裙的裙摆在前后移动，裙摆的移动更能显示女性的美。

（裤装）

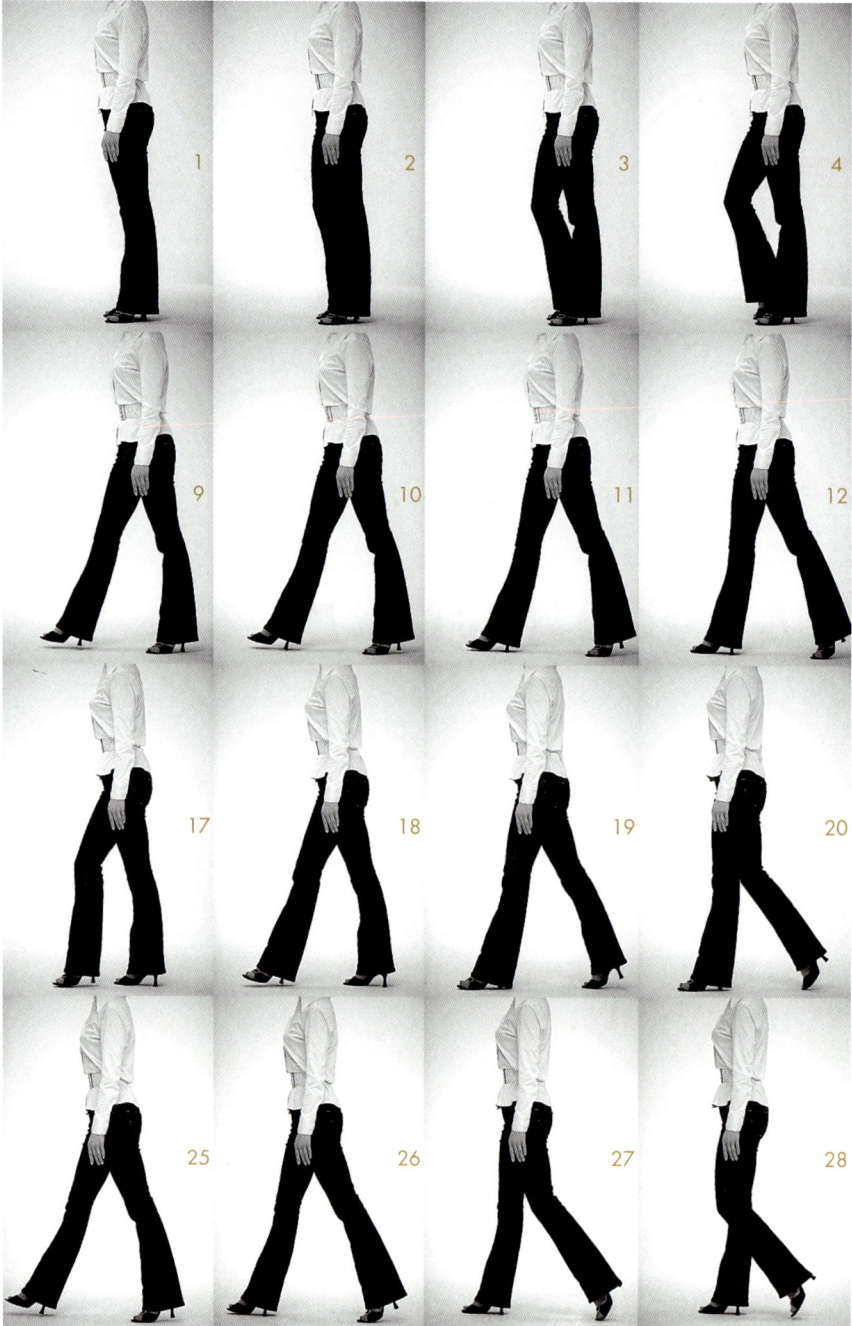

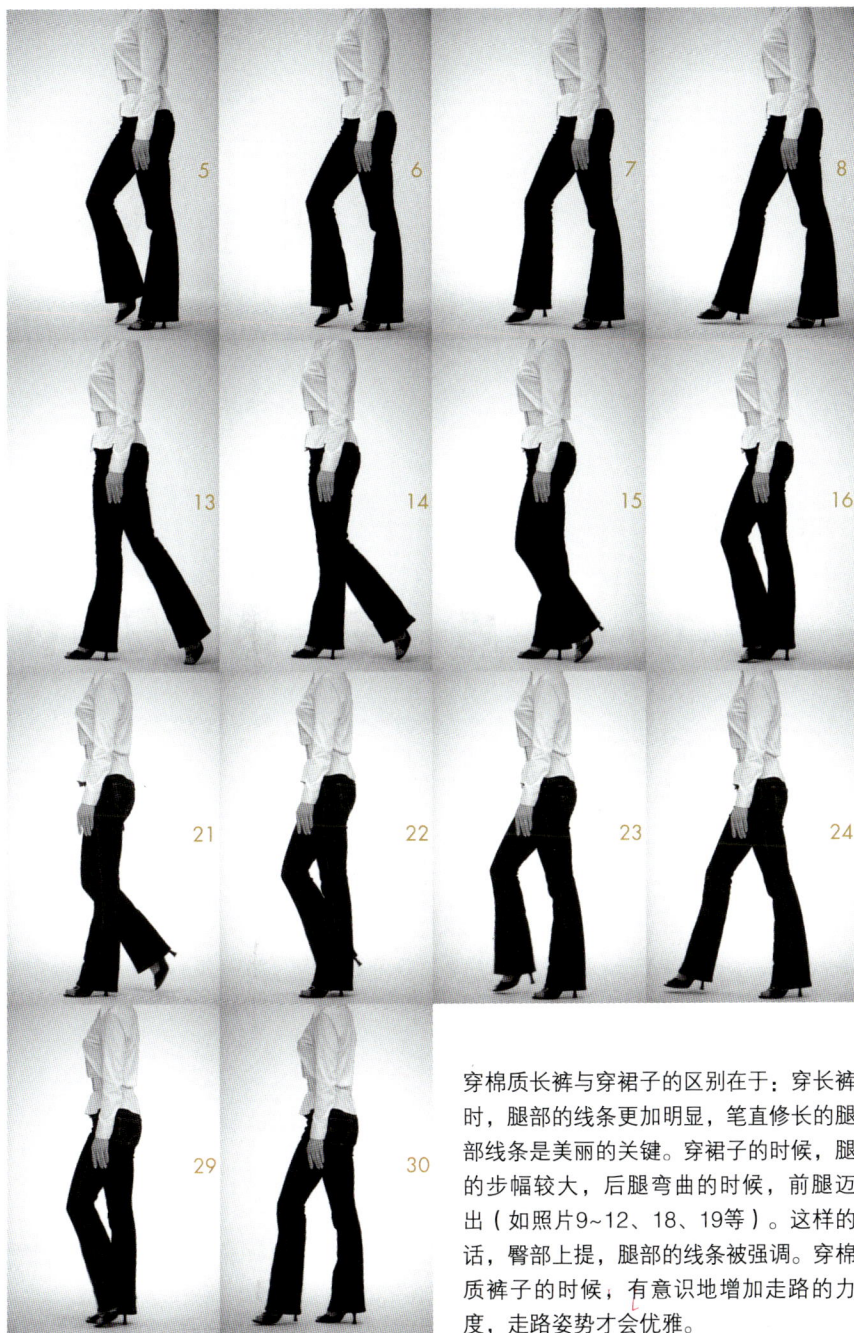

穿棉质长裤与穿裙子的区别在于：穿长裤时，腿部的线条更加明显，笔直修长的腿部线条是美丽的关键。穿裙子的时候，腿的步幅较大，后腿弯曲的时候，前腿迈出（如照片9~12、18、19等）。这样的话，臀部上提，腿部的线条被强调。穿棉质裤子的时候，有意识地增加走路的力度，走路姿势才会优雅。

后记

　　首先感谢大家把这本书读到最后；并且根据这本书的理论去修正自己的外表；同时也让我对美有了更深度的思考。因为我曾经立志成为芭蕾舞者，对美的东西非常关注，女性本身就是美的存在，就应该让美丽熠熠生辉，直到现在，我依然不知疲倦地思考美的问题。我为什么会这样呢？因为我明白，人生是不断改变的。以高跟鞋为契机，使我明白了人生就是从零不断开始的过程。在日常生活中我就是这样要求自己的。工作中棘手的问题，人际关系中出现的裂痕，生活中的失败……我总是想："这些事情要是不发生该多好啊。"如果能忘记的话，我希望全部忘记。当然，失恋的时候，人总是这样的，明明知道无法忘怀，却希望能够彻底忘记。但是现在，你有了新的武器，当你想扔掉过去的记忆时，请穿上高跟鞋吧，这样的话，心中沉重的负担一下子被提了起来，没有特意扔掉的必要了。为什么呢？因为高跟鞋可以把你带到一个新的世界。在那个世界里，没有那些让你情绪低落的事情。当我们有不堪回首的记忆，我们总是想着"丢掉、丢掉"，但这个时候我们的心情反而更加沉重。其实，这个时候，不要再触及内心的事情，还不如改造一下外形。穿上心爱的高跟鞋，你会得到很好的放松和解脱。高跟鞋使你找到了灰姑娘的幸福，从此以后，你就可以像王妃般优雅地享受生活了。

精品图书推荐

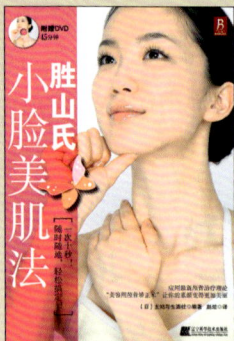

《胜山氏小脸美肌法》
定价：29.80元

《西岛悦的"黄金比"美妆术》
定价：32.00元

《我的第一本化妆BOOK》
定价：29.00元

《日本顶级化妆师黑田启藏的星级美妆术》
定价：32.00元

《美肌特权色》
定价：22.80元

《山野式头部SPA》
定价：28.80元

《派对发型SHOW》
定价：20.80元

《人气发型FRESH》
定价：20.80元

《美肤必修课——不可不知的肌肤护理之道》
定价：32.80元

《超级名模教你show出明星腿》
定价：32.00元

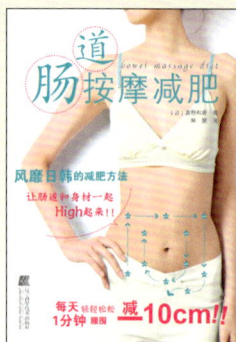

《肠道按摩减肥》
定价：22.80元

《配色美人——7天完成美丽脱变》
定价：35.00元

《西式糕点制作大全》
定价：48.00元

《意大利餐制作大全》
定价：48.00元

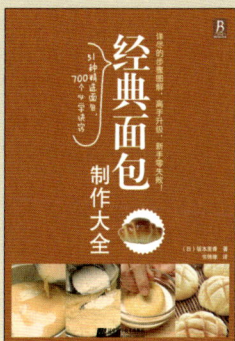

《经典面包制作大全》
定价：48.00元

《自制健康美味的果实酒
果酱 果汁》
定价：32.00元

《超人气面包简单做》
定价：36.00元

《超人气甜点轻松做》
定价：36.00元

《新手学烘焙——正点面
包》
定价：32.00元

《新手学烘焙——地道甜
点》
定价：32.00元

《甜蜜蜜的烘焙时光——
自制美味甜点》
定价：28.00元

《情趣烘焙——新手自制
美味甜点》
定价：28.00元

《无师自通新手学烘焙》
定价：36.00元

《健康养颜蔬果汁1+1》
定价：29.80元

TITLE: [High heels Magic]
© Madame Yumiko 2008
All rights reserved.
Original Japanese edition published by KODANSHA LTD.
Publication rights for Simplified Chinese character edition arranged with KODANSHA LTD. through KODANSHA BEIJING CULTURE LTD. Beijing,China.

图书在版编目（CIP）数据

高跟鞋的魔力／（日）Madame由美子著；卞磊译. —沈阳：辽宁科学技术出版社，2011.7

ISBN 978-7-5381-6712-2

Ⅰ.①高⋯　Ⅱ.①M⋯②卞⋯　Ⅲ.①高跟鞋—通俗读物　Ⅳ.①TS943.734-49

中国版本图书馆CIP数据核字（2010）第203298号

策划制作：北京书锦缘咨询有限公司（www.booklink.com.cn）
总 策 划：陈　庆
策　　划：李　杨
设计制作：郭　宁

出版发行：辽宁科学技术出版社
　　　　　（地址：沈阳市和平区十一纬路29号　邮编：110003）
印 刷 者：北京旺都印务有限公司
经 销 者：各地新华书店
幅面尺寸：160mm×230mm
印　　张：7
字　　数：29千字
出版时间：2011年7月第1版
印刷时间：2011年7月第1次印刷
责任编辑：谨　严　苏　颖
责任校对：合　力

书　　号：ISBN 978-7-5381-6712-2
定　　价：28.00元

联系电话：024-23284376
邮购热线：024-23284502
E-mail: lnkjc@126.com
http://www.lnkj.com.cn
本书网址：www.lnkj.cn/uri.sh/6712